AF494316

MÉMOIRE

SUR

L'INOCULATION DU CLAVEAU;

PAR J. GIRARD,

Directeur de l'École Royale Vétérinaire d'Alfort, membre de la Société Royale et Centrale d'Agriculture, etc.

A PARIS,

De l'Imprimerie et dans la Librairie de Madame HUZARD (née VALLAT LA CHAPELLE), rue de l'Éperon-Saint-André-des-Arts, N°. 7.

1816.

MÉMOIRE

SUR

L'INOCULATION DU CLAVEAU (1).

INTRODUCTION.

Le claveau, maladie toujours grave lorsque les bêtes à laine en sont infectées par voie de contagion, se manifeste dans toutes les saisons de l'année, attaque indistinctement les individus vigoureux comme les individus languissans, résiste à tous les traitemens curatifs, et produit toujours beaucoup de mortalités. Il exerce quelquefois de tels ravages et se propage avec une telle fureur, qu'il occasionne des pertes considérables ; il peut devenir un vrai fléau, si l'on ne se hâte d'en arrêter le cours en inoculant la maladie elle-même aux animaux qui n'en ont jamais été atteints.

L'inoculation, pratiquée selon toutes les circonstances requises, développe constamment, dans les individus susceptibles d'être infectés,

(1) Extrait des *Mémoires de la Société Royale et Centrale d'Agriculture*, tome XVIII.

un claveau bénin, qui altère peu la santé des bêtes, et en fait rarement périr. Ce claveau inoculé parcourt rapidement ses périodes, et en six semaines à deux mois, il débarrasse la troupe où il a été introduit, et met les animaux à l'abri d'une nouvelle infection.

Proposée en 1763 par *Chalette*, et en 1765 par l'illustre *Bourgelat* (1); exécutée depuis par nombre de médecins, de vétérinaires, de cultivateurs et autres, l'inoculation dont il s'agit n'a pas toujours produit les bons résultats que l'on cherchoit à en obtenir. On lui a quelquefois attribué des effets tout contraires; les découvertes les plus importantes ont presque toutes rencontré leurs détracteurs : il est d'ailleurs plus facile de condamner une pratique nouvelle et présentée comme avantageuse, que de chercher par des faits positifs à la constater, à l'éclaircir et à la débarrasser de ce qui peut l'entraver. Tel est le sort qu'a éprouvé l'inoculation claveleuse; conseillée par les uns, blâmée par les autres, elle n'a excité

(1) Notes insérées à la suite du mémoire de M. *Barberet*, sur les maladies épidémiques des bestiaux : mémoire couronné par la Société Royale d'Agriculture en 1765, et que l'on attribue, ainsi que les notes, à *Bourgelat*.

d'abord qu'une foible attention, et a même éprouvé pendant très-long-temps une sorte d'abandon.

L'introduction et la multiplication des mérinos en France devoient naturellement déterminer à des essais en tous genres pour garantir de la clavelée ces animaux précieux, et pour combattre la maladie quand ils en sont atteints. Les premiers succès obtenus de l'inoculation de la vaccine dans l'homme, firent naître l'idée que le virus vaccin pourroit aussi servir de préservatif contre le claveau. L'on s'empressa de faire l'application de cette méthode sur le mouton : quelques tentatives en ce genre furent publiées comme avantageuses; mais l'on se hâta trop d'annoncer des résultats qui se trouvèrent contredits par des expériences ultérieures faites à Versailles et ailleurs (1).

L'inoculation vaccinale ayant été reconnue inefficace contre la clavelée, l'on reprit la claveleuse; les essais se multiplièrent; les résultats ne furent pas toujours les mêmes; enfin, des expériences nombreuses et variées, tentées à l'École royale vétérinaire d'Alfort, en 1812,

(1) Exposition des principaux faits recueillis sur l'état actuel de la vaccination et de la clavelisation des bêtes à laine, par M. *Voisin*. Juin 1812.

1813 et 1814, conduisirent à des faits positifs; elles prouvèrent définitivement que l'inoculation claveleuse est un moyen sûr pour atténuer les effets de la clavelée, en faire une maladie tout-à-fait ordinaire; et ces mêmes expériences eurent encore l'avantage de faire connoître les moyens propres à traiter et à guérir ces tumeurs gangreneuses, toujours plus ou moins communes à la suite des inoculations exécutées un peu en grand.

Dans l'opuscule que nous publions aujourd'hui, nous avons eu deux objets en vue: le premier et le principal est d'éclairer les propriétaires de troupeaux de bêtes à laine sur leurs véritables intérêts, en leur conseillant une pratique qui les délivre de toute crainte de la clavelée, et rend beaucoup plus assurées toutes les spéculations de moutons; en second lieu, nous avons jugé utile pour la science en général, et sur-tout pour l'exercice de l'art vétérinaire, de donner une description précise du claveau, et de faire connoître cette maladie sous ses véritables rapports.

Lorsque l'on a étudié et suivi avec soin la clavelée auprès des bêtes malades, on est étonné de trouver dans les différens auteurs qui ont écrit sur cette affection, des détails qui s'accordent si peu avec les observations cliniques, et l'on est surpris d'y rencontrer des erreurs graves, qui se sont propagées comme par une sorte de tradition.

Bourgelat, dont les productions portent l'empreinte du génie, est celui qui a le mieux caractérisé l'affection dont il s'agit; il a cependant laissé beaucoup de choses à désirer et beaucoup d'autres à rectifier. Il n'a pas exposé le cours le plus ordinaire de la maladie, considérée depuis son invasion jusqu'à ses terminaisons diverses. Il s'est contenté de rapporter quelques phénomènes principaux, sans indiquer leur succession. Il n'a pas développé les divers états que parcourt le bouton claveleux depuis son développement jusqu'à sa disparition complète. En général, les remarques de cet auteur sur le claveau, quoique bonnes, sont mal digérées, confuses et présentées avec peu d'ordre; elles peuvent entraîner dans l'erreur ou ne donner que des notions incertaines. Ce défaut d'ordre provient de ce que *Bourgelat* n'avoit pas observé par lui-même, et qu'il n'écrivoit que d'après des rapports communiqués.

Pour rendre ce traité complet, facile à saisir, et afin de le mettre à la portée de tous les cultivateurs ou autres propriétaires de bêtes à laine, nous avons divisé notre travail en trois parties principales, dont la première renferme la description du claveau, et comprend tout ce qui a rapport aux caractères, aux suites et aux cours les plus ordinaires de la maladie.

La deuxième partie embrasse le traitement de la clavelée. Dans cet article, nous avons discuté les moyens médicamenteux et hygiéniques que l'on doit employer selon la valeur des bêtes malades, suivant qu'elles sont plus ou moins nombreuses, et selon la gravité de l'affection.

La troisième partie est consacrée au développement de la méthode de l'inoculation. Quoique nous ayons indiqué dans la deuxième partie cette utile pratique comme devant former la principale base du traitement préservatif, nous avons cru devoir consacrer un article particulier à l'exposition de tout ce qui concerne l'inoculation ; comme le choix de la matière virulente, la manière de la recueillir, celle de la transporter sur l'animal sain, et les suites de cette opération.

ARTICLE PREMIER.

Description du claveau.

§. Ier. *Caractères.*

Le claveau ou la clavelée (1) est une maladie cutanée, éruptive, éminemment contagieuse, particulière aux bêtes à laine, et caractérisée par la présence de boutons très-remarquables qui se montrent d'abord aux ars antérieurs et postérieurs, successivement à la face interne des avant-bras et des cuisses, aux lèvres, au pourtour des yeux, entre la laine, et finissent par se propager en plus ou moins grand nombre sur toute la surface du corps. Étant constamment le produit de la contagion, cette maladie est toujours plus ou moins funeste aux troupeaux qu'elle attaque accidentellement, dans lesquels elle occasionne souvent beaucoup de

---

(1) Cette maladie a reçu une foule de dénominations plus ou moins ridicules; ainsi on la nomme *bête*, *bourgeon*, *boussade*, *chapelet*, *capelade*, *caraque*, *cat*, *clavade*, *casse*, *clavelle*, *clacavelle*, *clavilière*, *clavin*, *claviau*, *clou*, *cloussau*, *cloubiau*, *chasse*, *coste*, *glavelade*, *glaviau*, *glavel*, *glavance*, *gamise*, *gramadure*, *la glave*, *la bête*, *liarre*, *mal-rouge*, *magogne*, *peste*, *petite-vérole*, *picotin*, *picotte*, *pustule*, *pustulade*, *rache*, *rougeole*, *variole*, *variolin*, *vérole*, *vérolin*, *verette*.

mortalités, et fait quelquefois périr la presque totalité des malades.

Les boutons claveleux, que l'on compare tantôt à une lentille, d'autres fois à un petit haricot plat et oblong, sont plus ou moins gros et nombreux; ils résident dans le corps de la peau, et ils affectent des états différens suivant leurs périodes et selon les degrés où ils sont parvenus. Lorsque la maladie parcourt régulièrement ses phases, on observe que, dans les premiers temps, le bouton dont il s'agit est dur et hémisphérique; qu'il devient insensiblement un peu plus grand et circulaire; par suite il s'aplatit au centre, et même se déprime; il se résout d'une manière insensible, et finit par disparoître et ne plus laisser que la trace ou cicatrice du point qu'il occupoit. Peu de temps après le développement du bouton, l'épiderme qui le recouvre se soulève et forme une pellicule ordinairement blanchâtre, et qui dégénère bientôt en croûte. Celle-ci, d'abord mince et molle, persiste jusqu'après la disparition de la pustule; elle devient peu-à-peu dure, raboteuse, se dessèche et se détruit par petites écailles ou en poussière.

Par-dessous l'épiderme détaché, il se fait une sécrétion d'une sérosité roussâtre, qui humecte la pellicule, se combine avec elle, et concourt ainsi à former la croûte dont il vient d'être parlé. Cette sécrétion séreuse, qui entretient une humidité à la surface du bouton, ne subsiste qu'un certain temps; quand elle est complètement supprimée, la croûte se dessèche entièrement, et la pustule se résout. Vient-elle à être arrêtée par quelque circonstance accidentelle, aussitôt le bouton perd son état humide, se dessèche, et la maladie reste plus ou moins stagnante, ou bien elle prend subitement une direction fâcheuse.

L'humeur séreuse, qui est le produit de la sécrétion précédente, est généralement peu abondante. D'abord limpide, puis roussâtre, elle s'épaissit vers le déclin du travail, et forme souvent une matière liquide, blanche, qui s'amasse sous la croûte, et que l'on a si mal à propos considérée comme du pus. Cette sérosité constitue la véritable matière virulente, qui est propre à transmettre la maladie aux bêtes susceptibles de la contracter, et qui est toujours employée avec succès à l'inoculation.

§. II. *Division.*

D'après la nature et la disposition même des boutons, on distingue communément le claveau en discret et en confluent. Dans le premier cas, les boutons, peu nombreux, n'excèdent pas ou presque pas la grosseur d'une lentille ordinaire, et ils sont isolés les uns des autres.

Dans le claveau confluent, la maladie offre des caractères graves: les boutons, gros et nombreux, forment tantôt des séries de tumeurs continues et disposées en chapelet; d'autres fois ils sont rapprochés, sont unis en tas isolés, et constituent autant de tumeurs raboteuses plus ou moins étendues.

Dans l'une et l'autre de ces circonstances, la maladie peut avoir des suites fâcheuses; mais celles du claveau confluent sont plus souvent funestes.

On divise aussi le claveau suivant la manière dont il parcourt sa marche, en régulier et irrégulier, en bénin et malin, en claveau de première lune et de seconde lune; de première, deuxième, troisième bouffée. Le claveau peut encore être *accidentel* ou *inoculé*. Dans le premier cas, l'animal est infesté par voie ordinaire de contagion, par cas fortuit; tandis que le claveau inoculé est toujours l'effet ou la suite d'une opération manuelle, qui consiste à introduire le virus dans l'animal susceptible d'en être infesté.

§. III. *Marche et suites les plus ordinaires.*

Dans le cours de cette affection, l'on distingue l'invasion de la maladie, l'éruption boutonneuse, la suppuration, ou mieux sécrétion séreuse, enfin la dessiccation. L'expérience a prouvé que la clavelée parcourt ces quatre périodes plus rapidement en été qu'en hiver, et qu'elle est aussi moins dangereuse et moins long-temps à se dissiper dans le claveau inoculé que dans celui qui a été contracté accidentellement. Pendant les grandes chaleurs et les longues sécheresses de l'été, elle est très-pernicieuse et occasionne beaucoup de mortalités; tandis qu'au printemps, à l'automne, en un mot dans tous les temps secs et sans excès de chaud ou de froid, elle est bien moins dangereuse, et ne fait périr que peu de malades.

Tant que le claveau borne son action à la peau, il parcourt régulièrement ses phases, et sans suites fâcheuses. S'il affecte quelque viscère essentiel à l'exercice de la vie, il devient alors fort grave et funeste à un très-grand nombre de bètes. D'après cela, il est facile de concevoir pourquoi la clavelée accidentelle est toujours plus dangereuse que celle qui est le produit de l'inoculation. Celle-ci, portée directement sur l'organe cutané où la maladie exerce une action spéciale, n'a pas besoin de revenir de l'intérieur à l'extérieur, et elle ne pourroit, dans tous les cas, affecter que secondairement les viscères intérieurs.

Cette formidable affection s'annonce par un mouvement fébrile ordinairement peu intense, qui persiste deux, trois à quatre jours, et se termine par l'éruption boutonneuse dont il a déjà été traité. Souvent cette éruption n'est précédée d'aucun symptôme inflammatoire; d'autres fois elle débute avec une forte inflammation cutanée; chaque bouton est alors entouré d'une auréole rouge qui subsiste plus ou moins de temps. Ce dernier phénomène ne survient ordinairement que dans les temps très-chauds, et sur-tout chez les animaux qui ont été exposés trop long-temps à l'ardeur du soleil, ou qui ont éprouvé quelques fatigues, soit par les marches forcées, soit par le séjour trop prolongé dans de mauvaises bergeries.

Dès le début du claveau bénin, la bête à laine devient un peu triste, et reste plus ou moins abattue jusqu'à ce que l'éruption se soit opérée : après cette crise, l'animal éprouve un mieux réel; il recouvre un peu de sa gaîté et de sa vigueur; néanmoins il conserve un état de foiblesse marquée, et il maigrit jusqu'à l'époque de la dessiccation, où il reprend peu-à-peu ses forces et son énergie première. Dans cette variété de claveau, l'éruption boutonneuse est ordinairement peu considérable; elle parcourt ses diverses phases régulièrement et sans laisser après elle des altérations graves. Souvent elle se borne à quelques boutons, et ne produit aucun dérangement sensible dans l'exercice des fonctions.

Le claveau malin occasionne toujours de grands ravages, et fait mourir un grand nombre de bêtes. L'animal, d'abord très-dégoûté, dépérit rapidement, devient débile, traînard, finit quelquefois par ne pouvoir plus suivre le troupeau, ni même se soutenir. Lorsque la maladie est parvenue à un certain degré, on remarque en lui les symptômes suivans: foiblesse générale, pâleur de la conjonctive et des autres membranes muqueuses; chute plus ou moins considérable, et quelquefois totale, de la laine; écoulement par les narines d'une morve fétide, qui forme autour des naseaux des concrétions qui bouchent ces ouvertures, et gênent plus ou moins la respiration; souvent les paupières deviennent tuméfiées, chassieuses, et restent collées ensemble; d'autres fois, il y a altération plus ou moins considérable de l'organe de la vue, et fréquemment perte d'un ou des deux yeux à-la-fois. A ces principaux caractères, on peut en ajouter quelques autres, tels que la grande sensibilité de la peau, la nature des excrétions diverses; enfin la diarrhée qui survient quelquefois, et annonce constamment la perte de l'individu.

Dans l'une et l'autre de ces variétés de claveau, la nature opprimée fait souvent effort et produit des dépurations diverses; il se développe des tumeurs plus ou moins grosses, dont les unes, graves et essentiellement gangreneuses, font périr les malades en fort peu de temps, à moins que les secours de l'art ne soient administrés à propos; quelques autres s'abcèdent et occasionnent une suppuration plus ou moins abondante, qui en produit la fonte; enfin d'autres petites tumeurs roulantes sous la peau, et toujours plus ou moins nombreuses, ne sont nullement dangereuses, se guérissent d'elles-mêmes, et se terminent constamment par résolution, à moins qu'une irritation spéciale ne les fasse abcéder ou dégénérer en gangrène.

Ainsi qu'il a été dit précédemment, la clavelée n'a pas toujours une terminaison heureuse ; la métastase, la gangrène et la mort ne surviennent que trop fréquemment dans le cours de cette affection. Lorsque la maladie a une direction favorable, et que la résolution commence à s'opérer, l'animal reprend de l'appétit, de la gaîté et des forces ; mais sa convalescence est toujours d'autant plus longue et plus difficile, qu'il a été plus maltraité. Plusieurs bêtes ne reprennent jamais leur état premier de vigueur ; elles sont chétives pendant toute leur vie, et ne peuvent jamais s'engraisser.

La métastase s'annonce ordinairement par un état particulier de dessèchement des boutons, et elle occasionne presque toujours la disparition plus ou moins complète des pustules. Dans cette circonstance, l'action développée dans l'organe cutané, et qui tendoit à la guérison, se trouve intervertie, et toute sécrétion est conséquemment supprimée. Si à cette époque l'on enlève, soit la pellicule, soit la croûte du bouton, la surface, mise à nu, ne laisse suinter aucune humeur et est complètement sèche. Lorsque la métastase est subite et grave, comme dans le cas où elle gagne les poumons, elle n'est précédée d'aucun symptôme apparent, et elle s'opère en produisant la rentrée subite de tous les boutons.

Les pustules, qui sont le produit de l'éruption claveleuse, deviennent-elles violacées et ensuite noirâtres? ces changemens, toujours fâcheux, dénotent constamment une disposition à la gangrène, à la destruction, à la mort. Néanmoins, si ces pustules éruptives se maintiennent violacées; si, pendant ce temps, le centre du bouton continue à se déprimer, et que la sécrétion séreuse ne se supprime pas, le pronostic est encore favorable, et l'on peut espérer la guérison. Il n'en est pas de même lorsque les boutons prennent une couleur noirâtre, qui annonce l'approche ou le développement de la gangrène.

§. IV. *Contagion.*

Le claveau n'est point une affection constitutionnelle innée dans la bête à laine; il est constamment le produit de la contagion due à un virus particulier, volatil et qui se transmet de diverses manières.

Cette maladie n'attaque qu'une seule fois le même individu (1); elle survient indistinc-

(1) Il est maintenant bien constant que la bête à laine qui a été une fois affectée du claveau, soit accidentel, soit

tement dans tous les temps et dans toutes les saisons de l'année. Les animaux la contractent par cohabitation, par contact médiat ou immédiat, par insertion au moyen d'un instrument. La plus légère circonstance peut la leur communiquer : tout troupeau sain qui passe immédiatement, ou même quelques jours après, et qui séjourne ou broute sur les mêmes lieux qu'une troupe claveleuse, est exposé à l'infection, dont il est atteint au bout de quelques jours. L'infection se propage aussi par la voie des personnes ou des animaux qui touchent des bêtes claveleuses ou qui en approchent de trop près, par le transport des peaux, des fumiers et des laines provenant d'individus malades; par les chiens qui exhument les cadavres, etc. D'après quelques auteurs, l'air seroit encore un moyen propre à porter au loin les germes contagieux. Selon

---

inoculé, n'est point exposée à la récidive, et qu'elle est pour toujours à l'abri d'une nouvelle infection.

A chaque inoculation que l'on a exécutée dans le troupeau de l'École d'Alfort, on a inséré du virus claveleux sur des animaux dont les uns avoient eu la clavelée accidentelle, et d'autres le claveau inoculé. Cette insertion a toujours été sans effet, et a prouvé, ce qui étoit depuis si long-temps douteux, que l'animal ne peut être atteint qu'une seule fois.

Gilbert, il suffit qu'un troupeau sain se trouve sous le vent et à la distance de moins de cent toises d'une troupe attaquée, pour qu'il puisse contracter le claveau. Cependant des observations ultérieures ne sont pas d'accord avec cette assertion, et il paroît que l'air n'a réellement pas la propriété que lui attribue *Gilbert*.

« Les maiges, les guérisseurs, les maré-» chaux, les marchands, les bouchers, qui » courent les campagnes et visitent des trou-» peaux affectés de la contagion, la dissémi-» nent bien plus souvent qu'on ne le croit » communément; c'est sur-tout sur les routes » qui conduisent aux foires, et particulière-» ment aux foires *grasses*, et dans les bergeries » des auberges qui reçoivent habituellement » des moutons, que le claveau se gagne le plus » souvent.

» Ceci explique pourquoi les cultivateurs » qui vont chaque année se pourvoir de mou-» tons de rechange ou de remplacement dans » les foires, sont infiniment plus exposés au » danger du claveau, que ceux qui élèvent » eux-mêmes tous les individus dont ils ont » besoin pour entretenir leurs troupeaux (1). »

(1) *Instruction sur le claveau des moutons*, par *F. H. Gilbert*, page 20.

L'infection claveleuse, transmise accidentellement à une bête saine, n'est suivie de l'éruption boutonneuse qu'au bout de six à huit jours dans les temps chauds, et plus tard quand la saison est froide, sur-tout si elle est en même temps humide. Pour connoître cette marche de la nature, il suffit de laisser coucher pendant une seule nuit une bête saine à côté de quelques bêtes claveleuses, dont les boutons sont en pleine sécrétion. On la retire dès le lendemain matin; on l'enferme dans un lieu séparé à l'abri de toute nouvelle infection, et où l'on puisse l'observer à son aise. Il m'a été impossible de déterminer d'une manière précise le laps de temps qui s'écoule depuis l'époque de l'infection jusqu'à celle de l'éruption boutonneuse, en ayant égard à la température de la saison, à celle des lieux où les animaux sont enfermés, à l'âge et au tempérament des sujets. Il règne sur ce point de si grandes variations, qu'il sera très-difficile de parvenir à présenter des données bien exactes; il est même présumable que l'on sera forcé de s'en tenir à des termes moyens, tels que ceux que nous avons établis.

Ces données approximatives doivent être indépendantes des exceptions particulières qui peuvent être plus ou moins grandes. Ainsi, nous avons eu occasion de constater que l'éruption boutonneuse rentrée peut rester latente et ne reparoître qu'au bout de vingt jours.

Dans le mois de juin 1812, je fus appelé à *Chelles*, département de Seine et Oise, à l'effet de constater juridiquement l'existence de la clavelée dans une troupe de 200 têtes acquises à la dernière foire de Saint-Denis, par M. *Nast*, propriétaire et cultivateur audit lieu de Chelles; sur ces 200 bêtes, j'en trouvai plus de la moitié infectée du claveau qui commençoit à faire son éruption, et qui étoit, dans la presque totalité des individus, accompagné d'une forte inflammation cutanée.

Les animaux sains furent séparés des malades et placés dans des bergeries isolées; j'indiquai au propriétaire les précautions qu'il avoit à observer, et je fis mon rapport écrit à M. le maire de la commune de Chelles. Trois jours après cette première opération, le temps changea; de très-chaud qu'il étoit, il devint subitement pluvieux, froid et humide : ce changement brusque de température détermina la rentrée de l'éruption boutonneuse, et je fus invité à faire une seconde visite. Je me rendis de nouveau à Chelles; j'examinai, l'une après l'autre, toutes les bêtes mises à part pour cause d'infection : je remarquai que les deux tiers au moins de ces animaux ne présentoient plus aucun signe de claveau, et que l'autre tiers n'avoit plus que quelques boutons épars et sans auréole inflammatoire. Surpris de ce phénomène, je me proposai d'en bien observer les suites, et je visitai les animaux le plus souvent qu'il me fut possible. L'éruption boutonneuse ne commença à reparoître dans quelques individus que le quinzième jour, après celui de ma deuxième visite, et elle n'a été rétablie dans la totalité de ces bêtes que le vingtième jour.

L'infection introduite accidentellement dans un troupeau, ne se propage pas successivement et sans interruption d'une bête à l'autre; elle va par bouffées, par attaques, par lunes, c'est-à-dire qu'elle se déclare en même temps sur un certain nombre de bêtes, puis reste latente pendant quelque temps, se remontre ensuite sur de nouvelles bêtes, et ainsi successivement jusqu'à ce que tous les individus qui composent la troupe en aient été atteints. Ce cours ordinaire au claveau accidentel paroît dépendre de ce que la maladie n'est réellement contagieuse qu'à une certaine époque; et de ce qu'après son introduction dans l'animal sain, l'éruption n'a lieu qu'au bout d'un certain temps. Je démontrerai ailleurs que l'infection s'opère durant la sécrétion séreuse, et non pendant la dessiccation des boutons, comme l'ont avancé presque tous les auteurs qui ont écrit sur la clavelée. Il est bien vrai que la deuxième ou troisième bouffée ne se montre qu'à l'époque de la desquamation de la bouffée précédente; mais le développement de cette deuxième attaque ne doit pas être attribué à la matière desséchée de la première lune. Dans les expériences que j'ai tentées sur le virus claveleux, je me suis assuré que cette matière, qui est le produit de la destruction de la croûte des boutons, n'est point contagieuse et ne communique pas la maladie. Si elle étoit capable de transmettre l'infection, l'éruption boutonneuse ne paroîtroit qu'après la dessiccation complète des boutons de la bouffée précédente; et le contraire a lieu.

Ce mode de propagation démontre pourquoi une troupe un peu nombreuse reste infectée du claveau accidentel pendant trois, quatre, cinq et six mois, et quelquefois un an, suivant que les bouffées sont plus ou moins multipliées et qu'elles se succèdent à des époques plus ou moins éloignées.

En général, la contagion est plus rapide dans les chaleurs de l'été que pendant les froids de l'hiver, et sur-tout durant les pluies, qui la rendent toujours moins intense. On a remarqué depuis long-temps que les eaux pluviales ont la propriété de détruire les miasmes répandus sur les corps, et qu'elles diminuent par-là les moyens d'infection. Cette circonstance indique la nécessité de faire voyager les animaux sains le matin, et sur-tout après la pluie; de laver soigneusement tous les objets que l'on soupçonne empreints du virus, et qui peuvent être dans le cas de servir à des bêtes qui n'ont jamais eu la maladie.

ARTICLE II.

Traitement du claveau.

Il se divise en préservatif et curatif.

§. Ier. *Moyens préservatifs.*

Cet article doit comprendre non-seulement les divers moyens propres à prévenir la maladie, mais encore toutes les précautions capables d'atténuer les effets de l'infection; et, sous ce dernier rapport, l'inoculation de la clavelée doit être considérée comme un moyen préservatif très-efficace.

L'insertion du virus claveleux produit des résultats si avantageux, et est devenue d'une telle importance, que nous avons cru devoir consacrer un article particulier pour cet objet, que nous nous bornons à indiquer ici.

Les moyens communément usités pour garantir les animaux d'être atteints de l'infection claveleuse, sont le plus souvent sans effet, tant parce qu'on y a recours trop tard, que parce qu'on en fait un mauvais emploi. D'après ce qui a été exposé dans l'article précédent, le premier soin à prendre pour garantir un troupeau du danger du claveau, consisteroit à éviter d'aller acheter dans des foires des bêtes de rechange, à faire conséquemment assez d'élèves pour remonter la troupe, ou à ne tirer les animaux de rechange que de troupeaux bien connus et voisins. On ne sauroit aussi porter trop de soins à ce que le troupeau n'aille jamais sur les routes et chemins fréquentés par les bêtes que l'on conduit aux foires ou que l'on en ramène; mais ces sages pratiques sont presque toujours négligées; elles n'excitent ordinairement l'attention des propriétaires que lorsque ceux-ci s'aperçoivent que leurs troupeaux sont menacés d'être envahis par la clavelée qui exerce ses ravages dans les environs.

Toutes les mesures propres à empêcher l'introduction de la maladie sont alors mises en usage, et le cantonnement n'est pas oublié ; vaines précautions : la contagion est le plus souvent apportée par des voies inconnues, ou que l'on n'a pu soupçonner. Quelquefois les animaux sont infectés du virus claveleux sans offrir aucune apparence de la maladie, qui peut rester latente pendant une vingtaine de jours.

Dès que la clavelée se montre dans un troupeau, on se hâte d'arrêter la contagion, et de garantir les individus sur lesquels il ne paroît encore aucun signe d'infection. Pour cela on sépare les bêtes saines des malades ; on place les premières dans un endroit isolé ; quelquefois même on sacrifie les bêtes affectées. Tous ces moyens sont bons à mettre en pratique ; ils produisent l'effet désiré toutes les fois que les animaux ne portent pas déjà le principe de la maladie, et l'on a même souvent réussi à détruire le germe d'infection.

§. II. *Traitement curatif.*

Il varie suivant les circonstances, les localités et la manière dont la maladie parcourt ses diverses périodes. Lorsque le claveau est bénin et qu'il ne se trouve pas de bêtes gravement affectées, le traitement doit embrasser toute la troupe en masse, et doit être approprié au mode d'éducation de ces animaux. Dans ce cas, tous les breuvages et médicamens peuvent être mis de côté; les moyens essentiellement hygiéniques, joints à quelques soins particuliers que l'on varie selon la saison, suffisent pour combattre l'affection.

Le premier soin doit être de distribuer les moutons dans les bergeries de manière à ce qu'ils y soient à leur aise, qu'ils y respirent librement, et qu'ils se trouvent à l'abri de toute circonstance quelconque susceptible d'aggraver leur maladie. Si la saison ou diverses autres causes ne permettent pas d'envoyer la troupe aux champs, et que l'on soit obligé de la nourrir à la bergerie, il faut affourer trois fois par jour avec de la menue paille et de la provende. On peut remplacer cette dernière par le trèfle et le bon foin. L'on doit continuer jusqu'à la fin de la maladie le même régime, que l'on augmente ou que l'on diminue suivant l'état des sujets claveleux. A chaque affourée, l'on fait sortir les animaux, à moins qu'il ne pleuve ou qu'il ne neige trop fortement. Pendant ce temps, on ouvre les portes et les croisées de la bergerie, afin de renouveler l'air, et l'on change l'eau contenue dans les baquets, qui sert de boisson aux moutons. Durant l'invasion du claveau, il est nécessaire de diminuer un peu la nourriture ci-dessus ; et lorsque l'affection a fait quelques progrès, il convient aussi de soutenir les forces des malades par l'usage de quelques racines, sur-tout de l'avoine ou des féveroles ou des pois concassés. Les racines sont ordinairement des pommes de terre ou des topinambours, que l'on hache au moyen d'un moulin destiné à cet usage, et que l'on fait manger dans des augettes, en y mêlant un peu de son et de sel. On donne et on mélange de même l'avoine ou la grenaille avec du son et du sel. L'on doit alterner, autant qu'il est possible, ces diverses substances alimentaires, de manière que l'on distribue un jour des racines, le lendemain de l'avoine, et le troisième jour des féveroles ou autre grenaille concassée. Pour rendre les fourrages plus savoureux et plus digestifs, on les asperge ordinairement avec de l'eau salée. Chaque fois que l'on renouvelle l'eau des baquets, il importe d'y faire dissoudre un peu de boule de mars (tartrate de potasse et de fer), mais en petite quantité, afin que la boisson devienne simplement tonique, et ne s'altère pas au point d'en dégoûter les bêtes. Ces prescriptions hygiéniques indiquent la nécessité de mettre à part les animaux de chaque bouffée, afin de pouvoir les soigner, comme il vient d'être exposé.

Quand les bêtes mangent aux champs, et qu'elles couchent au parc, il faut visiter souvent la troupe, s'assurer si tous les individus ont assez de force pour se procurer la nourriture nécessaire, voir s'ils ne souffrent pas de l'intempérie de la saison, enfin juger s'il ne seroit pas plus convenable de les faire rentrer le soir à la bergerie, et de les affourer le matin, avant de les laisser repartir. Dans cette circonstance, il seroit très-avantageux de faire transporter des augettes auprès du parc, afin de pouvoir donner tous les matins, et avant le parcours, une provision de racines ou d'avoine avec du son et du sel.

Dans cette maladie, quelques personnes conseillent indistinctement l'usage de la nourriture verte. Cette nourriture ne peut convenir que depuis la fin de mai jusqu'à la fin de septembre. Dans le printemps, les herbes encore tendres et très-aqueuses fatiguent les animaux, sur-tout les malades, et leur causent des indigestions.

A chaque bouffée, même dans le claveau bénin, il se trouve presque toujours un nombre plus ou moins considérable de bêtes plus gravement affectées que les autres, et qui demandent des soins particuliers. Lorsque ces malades sont peu nombreux, qu'ils ont une certaine valeur, et que les circonstances le permettent, on les retire d'avec la troupe, on les enferme dans un lieu séparé, et on les soumet à un traitement convenable à leur état. Tant qu'ils peuvent manger au râtelier, leur nourriture doit être la même que celle qui a été prescrite pour le troupeau en masse ; s'ils sont foibles, on peut soutenir leurs forces par du vin chaud qu'on leur administre le matin et le soir, à la dose d'environ trois ou quatre décilitres. Les animaux sont-ils très-malades, et dans un état tel qu'ils ne peuvent pas manger ou ne mangent que très-peu ? on a recours à des breuvages aromatiques que l'on compose ainsi qu'il suit : on fait une infusion de plantes aromatiques, telles que la sauge et la lavande ; on prend une certaine quantité de cette liqueur, dans laquelle on met moitié ou tiers de vin, et l'on administre chaque breuvage tiède et à la même dose qu'il a été dit précédemment. On peut ajouter à chaque breuvage un demi-gros environ de camphre dissous dans un jaune d'œuf; souvent on donne du pain trempé dans du vin chaud. Ce moyen, très-tonique, est le médicament le plus efficace, et celui qu'on emploie le plus utilement, sur-tout quand les malades ne peuvent plus prendre leur nourriture au râtelier; mais, en raison de la dépense qu'il entraîne, on n'en peut faire usage que pour quelques bêtes auxquelles on attache un intérêt particulier. Dans le traitement du claveau, on fait souvent usage d'un opiat composé d'un extrait de gentiane, de miel et de farine d'orge. On doit cesser les amers aussitôt qu'on s'aperçoit que l'animal n'est pas en état de les supporter.

Si les malades ont des plaies ou ulcères étendus, plus ou moins incommodes et dangereux, on bassine ces parties avec du gros vin, ou mieux avec de l'eau styptique, deux fois par jour, et l'on y met un peu d'huile empyreumatique, pour ranimer l'entamure et la préserver de l'abord des mouches. S'ils sont atteints de tumeurs gangreneuses, on a recours aux linimens, dont il sera parlé plus loin, en traitant des suites de l'inoculation claveleuse.

Quelquefois le nombre des malades dont l'état exigeroit les soins qui viennent d'être indiqués, se trouve si considérable, qu'il devient impossible de les soigner tous également. Dans cette circonstance, on s'attache particulièrement aux individus les plus précieux, les moins affectés, ceux dont on peut espérer la guérison, et l'on néglige les bêtes qui présentent peu de ressources ou qui ont peu de valeur.

Durant le traitement et dans tout le cours de la maladie, on doit avoir la précaution de ne tourmenter les animaux que le moins possible. Le vétérinaire ou propriétaire ne doit pas perdre de vue que les bêtes à laine étant d'une constitution généralement débile, et que la moindre circonstance dirige vers l'atonie, demandent à être libres et sur-tout tranquilles. C'est principalement dans l'administration des breuvages et dans le pansement des plaies que l'on doit tâcher de ne pas fatiguer ces animaux. Pour faire prendre les substances médicamentales, on commence par enfourcher la bête; puis on saisit de la main gauche le dessous de la tête, que l'on élève légèrement en l'inclinant un peu du côté droit; on écarte avec un doigt la commissure gauche des lèvres, afin de former une poche, une sorte d'entonnoir, et l'on verse tout doucement le breuvage. Si l'animal vient à ébrouer, on cesse de verser, et on lui rend la tête libre. Cette précaution est de rigueur; en la négligeant, on court le risque de déterminer la suffocation. Lorsque la bête est très-débile, et qu'elle ne présente qu'une foible résistance, il est inutile de l'enfourcher pour lui faire prendre le breuvage ; l'on doit simplement la renverser, et la placer comme pour l'opération du bistournage.

ARTICLE III.

Inoculation du claveau.

Cet article offre des considérations nombreuses très-importantes, et qui exigent beaucoup de détails, dont quelques-uns pourront paroître minutieux, mais que nous n'avons pu négliger pour l'avantage de la pratique. Il nous a paru convenable de traiter en particulier de chacun des objets que comporte la méthode dont il s'agit, et d'en faire autant d'articles séparés, afin de mettre le vétérinaire ou le propriétaire de troupeaux à même de recourir facilement à celui de ces articles qu'il aura besoin de consulter.

§. Ier. *But de l'opération.*

Quelle que soit la simplicité, même l'efficacité de tous les traitemens indipués, l'inoculation du virus claveleux est sans contredit le moyen le plus sûr, le plus propre à modérer les effets de la maladie, et à la rendre peu dangereuse. Cette opération, qui a pour but de donner la clavelée à un animal qui n'en a jamais été atteint, consiste à faire de légères entamures à la peau de l'individu que l'on veut inoculer, à y introduire le virus claveleux, et à l'appliquer de manière à ce qu'il soit absorbé.

§. II. *Parties où elle doit se faire.*

On la pratique ordinairement aux ars (aisselles dans l'homme), au plat des cuisses, sous le ventre, sous la queue, à la face, et en général à toutes les parties dépourvues de laine. L'expérience a prouvé que dans les temps de chaleur, l'insertion du virus au plat des cuisses est parfois suivie d'accidens graves; qu'elle détermine l'engorgement des ganglions lymphatiques de l'aine, et donne lieu à des tumeurs gangreneuses qui sont toujours très-dangereuses. Ces divers accidens sont sur-tout fréquens, lorsque les piqûres sont situées dans le fond des ars soit antérieurs, soit postérieurs, principalement lorsque quelques-unes de ces piqûres se trouvent opposées. Dans ces circonstances, le frottement, suite inévitable de la marche, irrite les pustules, les envenime, et finit par développer les engorgemens dont il est question. Ainsi, en inoculant à la face interne des membres, on aura l'attention de porter le virus à une certaine distance du fond des ars, de placer les piqûres de manière à ce qu'elles ne soient jamais opposées, et ne puissent pas frotter l'une contre l'autre.

L'insertion du claveau doit se faire de préférence, et autant que les circonstances le permettent, au printemps, en automne, et même en hiver, pourvu que le temps ne soit ni trop humide, ni trop froid. Dans les fortes chaleurs de l'été, cette opération a souvent des suites fâcheuses; elle donne lieu à des tumeurs de différente nature qui empêchent l'éruption boutonneuse, et aggravent plus ou moins la maladie.

§. III. *Choix du virus.*

Jusqu'à ces derniers temps, on a regardé le pus fourni par le bouton claveleux comme la véritable matière virulente, et on l'a indiqué comme la seule propre à transmettre la maladie par le moyen de l'inoculation. *Gilbert* attribue les qualités virulentes aux petites écailles et à la poussière qui proviennent de la destruction des croûtes; il regarde ces débris comme éminemment contagieux; il semble même croire qu'étant entraînés par le vent, ils peuvent porter au loin l'infection. M'étant bien assuré que la suppuration des boutons n'est qu'un épiphénomène, et que, dans le cours régulier de l'éruption boutonneuse, il n'y a pas formation de pus, je ne pouvois dès-lors regarder cette production accidentelle comme la seule capable d'être inoculée, et je commençai à élever quelques doutes sur ses vertus. L'assertion de *Gilbert* ne me paroissoit pas mieux fondée, puisque diverses observations m'avoient prouvé que la clavelée contractée accidentellement ne fait son éruption que du sixième au huitième jour; ce qui varie suivant qu'il fait plus ou moins chaud ou froid. J'ai même eu lieu de m'assurer d'une manière positive, ainsi que je l'ai rapporté plus haut, que la maladie peut rester latente pendant l'espace de vingt jours.

Pour fixer mes idées sur ce point important, et ne présenter que des faits constatés par l'expérience et non purement traditionnels, j'employai à diverses inoculations, et à plusieurs reprises, des portions de pellicules, des débris des croûtes, de la laine, de la matière purulente des boutons, du sang pur, du sang mélangé, enfin de la sérosité qui se trouve par-dessous la pellicule blanche. J'ai eu lieu de faire les remarques suivantes :

1°. La laine, les débris des croûtes desséchées, et le sang pur qui sort du centre du bouton, n'ont jamais développé de vrais boutons claveleux.

2°. Les parcelles des pellicules blanches, la matière purulente et le sang chargé d'un peu de sérosité, produisent quelquefois, mais rarement, le claveau.

3°. Les inoculations faites avec la sérosité pure réussissent presque constamment, et cette humeur m'a toujours paru être le véritable véhicule du virus. Je suis même porté à penser que la pellicule, le pus et le sang ne sont virulens qu'autant qu'ils contiennent un peu de sérosité.

Ainsi la matière capable de transmettre le claveau à un individu qui n'en a jamais été atteint, est le produit d'une véritable sécrétion qui s'établit à la surface du bouton claveleux et par-dessous l'épiderme détaché. Cette sécrétion qui dépend d'un travail particulier, ne fournit point de pus, comme on l'a dit et comme on le répète journellement ; elle donne une sérosité roussâtre qui soulève d'abord l'épiderme, se combine ensuite avec lui, et forme ainsi la croûte dont il a été parlé précédemment. Aussi tout bouton recouvert d'une pellicule membraneuse ou d'une croûte très-mince, peut être considéré comme capable de fournir du virus claveleux; et l'on s'en assure, lorsqu'après avoir enlevé cette enveloppe, on voit suinter la sérosité, qui est limpide dans les premiers temps, puis s'épaissit insensiblement, et devient par suite un peu puriforme. Mais si la surface dénudée de l'enveloppe reste sèche et ne fournit point d'humeur, cet état indique que la sécrétion est supprimée, et que le bouton n'est plus propre à fournir la matière de l'inoculation.

C'est vers le septième ou le huitième jour de son apparition, que le bouton donne cette sécrétion séreuse, que l'on nomme communément la suppuration; et c'est à cette même époque que le virus claveleux paroît avoir plus d'énergie, et peut être employé plus efficacement à l'inoculation.

Une autre considération bien importante, et que l'on ne doit pas perdre de vue, toutes les fois que les circonstances le permettent, c'est d'avoir la précaution de prendre le virus sur des bêtes peu malades, sur-tout dans celles où le claveau est bénin, où les boutons sont petits, séparés, peu nombreux, et se trouvent en pleine sécrétion. L'on doit aussi préférer les animaux auxquels la maladie a été inoculée, à ceux qui ont été affectés accidentellement.

Il restoit à déterminer si le virus claveleux

peut être conservé et transporté comme le vaccin, par quels moyens et combien de temps. Ce point n'avoit encore excité l'attention de personne, et il présente toujours un champ à défricher. Peu satisfait de quelques expériences tentées à ce sujet, je me proposai de faire de nouveaux essais, et de les varier le plus possible, afin d'arriver à des résultats positifs. Ce motif, je dois le dire, m'a empêché de donner plus tôt ce traité, que je ne publie aujourd'hui qu'à la sollicitation de mes honorables collègues de la Société royale et centrale d'Agriculture, et qu'avec le regret de ne pouvoir présenter ici des faits bien concluans.

Pour éclairer le point dont il s'agit, je commençai mes recherches dans le mois de juillet 1812, à l'époque où le claveau régnoit chez M. *Nast*, de Chelles. Le 1er. dudit mois, je recueillis sur des bêtes malades, appartenant à ce propriétaire, une certaine quantité de matière virulente. J'en chargeai un fil de coton, et j'en mis entre des plaques de verre maintenues appliquées et fermées l'une contre l'autre au moyen de la cire ductile. Le 4 du même mois, j'inoculai en présence des élèves cette même matière sur trois agnelles antenoises, faisant partie du troupeau d'expériences de l'École vétérinaire. Dès le 7 juillet, c'est-à-dire trois jours après l'opération, il parut s'établir dans quelques piqûres un léger travail qui alla en augmentant, se montra successivement dans toutes les incisions, et devint le signal d'une véritable éruption claveleuse. Un mouvement fébrile se fit remarquer le cinquième jour après celui de l'insertion du virus; il fit des progrès jusqu'au neuvième, et il commença à baisser vers le dixième jour, époque où la sécrétion séreuse se fit remarquer dans plusieurs boutons. Ce claveau inoculé fut très-bénin, il parcourut régulièrement ses phases, et les bêtes en furent complètement débarrassées au bout de vingt jours. Le 16 juillet, j'envoyai à M. *Voisin*, de Versailles, l'une des trois agnelles, qui servit pour des inoculations dont ce savant estimable a rendu un compte détaillé dans un rapport fait à la Société d'Agriculture de Versailles.

Les deux autres agnelles furent envoyées dans les premiers jours d'août à Brie, pour être mises avec des beliers claveleux appartenant au sieur *Laroche*, fermier; elles cohabitèrent avec ces animaux infectés jusqu'à la guérison complète de ces derniers; elles furent couvertes et fécondées par eux, et n'eurent point de nouveau la clavelée. Les agneaux de ces deux bêtes ont été inoculés en septembre 1814, avec tous les individus provenant de l'agnelage des années 1812 et 1813. Ils contractèrent le claveau, et furent aussi malades que les autres animaux inoculés (1).

Je ne fus pas aussi heureux dans des expériences ultérieures, pour reconnoître si le virus claveleux mis sous verre pourroit conserver ses qualités virulentes pendant quelques mois. J'enfermai à cet effet dans une cinquantaine de tubes capillaires, ainsi qu'entre des plaques de verre, du virus pris sur les trois agnelles précédentes et sur les beliers de M. *Laroche*. Je plaçai tous ces verres dans une grande boîte, que je refermai exactement après l'avoir remplie de son. Au bout de trois mois, j'ouvris quelques-uns des tubes ; la matière qu'ils contenoient étoit complètement desséchée. Après l'avoir délayée dans un peu d'eau tiède, je l'inoculai sur des bêtes qui n'avoient pas eu le cla-

(1) Ce dernier fait n'étoit pas nouveau pour moi ; j'avois eu occasion de m'assurer plusieurs fois que les agneaux qui naissent de mères infectées ne sont point exempts de la clavelée, qu'ils contractent après leur naissance, dès qu'ils se trouvent dans les conditions requises et propres à communiquer la contagion.

veau. Cette insertion fut entièrement infructueuse; elle ne développa ni boutons claveleux, ni tumeurs gangreneuses. Trois mois plus tard, je fis de nouvelles tentatives, tant de la matière renfermée dans les tubes capillaires, que de celle contenue entre les plaques; cette seconde expérience n'eut pas plus de succès que la première. Le restant de la matière virulente renfermée dans les tubes et entre les plaques fut employé deux mois après cette deuxième opération, environ huit mois après sa mise sous verre, sur des bêtes susceptibles de contracter la clavelée; cette opération n'eut pas plus de résultat que les deux précédentes.

Je ne me permettrai aucune réflexion sur ces divers essais, que je me propose de reprendre, et sur-tout de varier, dès que les circonstances et le temps me permettront de me livrer à ce genre de travail.

§. IV. *Mode d'insertion du virus.*

Ainsi que nous l'avons annoncé précédemment, l'insertion du virus claveleux se fait en incisant légèrement la peau de l'animal sain, soit avec une lancette, soit avec une aiguille ou bien avec tout autre instrument quelconque. L'entamure la plus légère, celle qui ne fait pour ainsi dire qu'effleurer la peau et mettre simplement à découvert les voies absorbantes sans produire d'effusion de sang, est toujours celle qui doit être préférée. Je ne prétends pas cependant attribuer à ces piqûres autant d'importance qu'on leur en donne. L'expérience m'a prouvé qu'elles ne sont pas plus exemptes d'accidens que les entamures profondes.

Pour pratiquer l'inoculation, on se sert le plus communément d'une lancette, avec laquelle on fait d'abord sur l'animal sain une petite excoriation, en effleurant seulement la peau, et en ne divisant pour ainsi dire que l'épiderme. Cette première excision exécutée avec toutes les précautions requises, on trempe le bout de la même lancette dans la matière virulente, puis on l'applique sur l'entamure; on remet ensuite le petit lambeau de peau afin de retenir le virus sur la plaie, et de le laisser en contact avec les vaisseaux absorbans.

Quelques personnes simplifient ainsi l'opération. Elles commencent par charger le bout de la lancette, et le plongent ensuite dans le tissu de la peau de l'individu soumis à l'inoculation. Cette méthode, quoique moins longue, n'est pas plus sûre. Assez souvent, l'instrument s'essuie en pénétrant dans la peau;

le virus reste à l'entrée de la piqûre, n'est point mis en contact avec les voies de l'absorption, et ne produit aucun effet. On a employé quelquefois pour cette même opération une aiguille ordinaire; mais le peu d'avantage qu'elle a montré, a fait renoncer totalement à son usage. Quelques vétérinaires sont dans l'habitude d'insérer sous la peau de l'animal sain un peu de coton empreint de virus, et de se servir pour cela de l'aiguille ordinaire. Ce moyen est bon, et réussit presque constamment.

L'instrument le plus commode, celui qui, sous tous les rapports, rend l'insertion claveleuse et plus efficace et plus expéditive, est une aiguille légèrement cannelée, montée avec une châsse, et inventée pour inoculer le virus vaccin dans l'espèce humaine. L'opérateur commence par charger de virus la cannelure de l'aiguille, puis il introduit bien doucement la pointe de cet instrument dans la peau de la bête saine, applique ensuite le doigt pardessus, comprime de manière qu'en retirant l'aiguille, le fluide contenu dans la gouttière reste dans la piqûre. Pour exécuter l'opération rapidement et en grand, il est nécessaire d'avoir deux de ces aiguilles. Tandis que l'opérateur pratique l'insertion avec l'une d'elles, un aide habile charge l'autre, et ainsi successivement jusqu'à la fin.

Avant de procéder à l'inoculation, sur-tout lorsqu'elle doit avoir lieu sur un grand nombre de bêtes, il faut d'abord dresser un bon lit de paille devant la bergerie ou autre lieu dans lequel sont rassemblés les animaux destinés à subir l'opération : cette première précaution est nécessaire pour pouvoir les renverser sans crainte d'accidens. On fait ensuite disposer deux grosses bottes de paille, serrées avec deux ou trois forts liens ou avec des cordes. L'une de ces bottes sert à soutenir l'animal qui fournit le virus, et l'autre maintient l'individu qui reçoit ce même virus. Un autre soin que l'on doit avoir, est de placer les deux animaux à une petite distance l'un de l'autre, et de manière à ce que l'aide et l'opérateur puissent se passer les aiguilles sans se gêner, ni se déranger de leurs places.

Cette méthode opératoire rend l'insertion du claveau facile, expéditive, et en assure même le succès, pourvu que le virus employé ait assez de force et d'énergie. L'aiguille cannelée offre un autre avantage non moins précieux, celui de pouvoir, avec elle, non-seulement exécuter en peu de temps un grand nombre de piqûres, mais encore les pratiquer sans effusion de sang (1). Nous ferons remarquer en troisième lieu, que les animaux ainsi opérés ne sont presque pas tourmentés, et n'éprouvent aucune douleur.

On pratique ordinairement quatre piqûres sur chaque bête que l'on inocule, et on les répartit aux deux côtés du corps. Dans cette opération, l'on doit constamment avoir la précaution d'éviter l'abord du sang, qui, en se mêlant avec le virus, le délaye et en peut annuler les effets. L'on doit aussi mettre les mêmes soins à recueillir le virus, et à le charger aussi pur que possible dans la cannelure de l'aiguille.

§. V. *Suites de l'inoculation.*

Les effets de cette opération se manifestent plus tôt ou plus tard suivant l'âge des individus, suivant les saisons et la température de l'atmosphère. Dans les agneaux, l'éruption boutonneuse est généralement un peu plus précoce que dans les adultes, et dans ceux-ci que dans

---

(1) Dans l'espace de huit heures, l'on peut inoculer de cette manière plus de deux cents bêtes, en faisant quatre piqûres par chacune d'elles.

les sujets avancés en âge. En été, et sur-tout dans les temps chauds, les pustules des piqûres se montrent au troisième ou quatrième jour de l'insertion du virus; tandis qu'en hiver elles ne paroissent ordinairement que le quatrième, le cinquième, et quelquefois même que le sixième jour. Quand le développement n'a point eu lieu à ces époques, on doit en conclure que l'inoculation a été pratiquée sans succès; et il est urgent d'inoculer de nouveau toutes les bêtes qui ont échappé à cette première opération.

L'insertion dont il s'agit produit des boutons qui surviennent d'abord aux endroits des piqûres, puis à leur pourtour, et ensuite aux autres parties du corps. Ici l'éruption boutonneuse est ordinairement peu étendue; souvent elle se borne aux environs des incisions, d'autres fois elle devient générale et se propage par tout le corps.

L'expérience a prouvé que la clavelée introduite par inoculation est peu dangereuse, et qu'elle parcourt ses phases beaucoup plus rapidement que l'infection contractée. Ainsi qu'il a été dit précédemment, le claveau que les bêtes gagnent par accident se propage par *lunes*, *attaques* ou *bouffées*; c'est-à-dire, qu'il attaque d'abord un certain nombre de bêtes à-la-fois ; ensuite une autre partie, et ainsi successivement jusqu'à ce qu'il ne trouve plus de victimes. D'après cela, il est facile de concevoir pourquoi un troupeau dans lequel le claveau se développe accidentellement, reste en proie à cette funeste maladie pendant quatre mois au moins, quelquefois pendant six, tandis qu'en un mois ou six semaines, au moyen de l'inoculation renouvelée suivant le besoin, une troupe, quelque nombreuse qu'elle soit, peut être débarrassée et mise pour toujours à l'abri de ce fléau redoutable.

La bête qui a subi l'inoculation n'exige aucun soin bien particulier; il faut cependant lui faire éviter tout ce qui peut ou retarder ou aggraver les effets de l'insertion du virus. Ainsi, il est important de ne pas laisser les animaux exposés à la pluie, à la neige, à un froid rigoureux, à une forte chaleur, à des orages, etc. S'il fait beau, on peut les laisser parcourir et même parquer; mais si le temps est froid ou humide, il est indispensable de les faire rentrer le soir à la bergerie, et il est même convenable de les tenir renfermés pendant le jour.

Lorsque la maladie, introduite artificiellement, s'est déclarée, elle demande les mêmes soins que ceux que nous avons indiqués pour le claveau contracté accidentellement. De même que ce dernier, le claveau inoculé peut présenter les trois variétés de tumeurs dont il a été fait mention à la page 16; et ces tumeurs, sur-tout les gangreneuses, sont ici plus fréquentes et plus dangereuses; souvent même elles surviennent sans que l'insertion du virus ait développé la clavelée. Les inoculations faites sur le troupeau d'expériences de cette École, de concert avec M. *Dupuy*, professeur, nous ont fourni les moyens d'étudier sous tous leurs rapports ces tumeurs gangreneuses, dont nous présenterons ici une description détaillée. Elles paroissent communément du douzième au vingtième jour qui suit celui de l'insertion du virus, et elles surviennent toujours aux points mêmes ou au pourtour des piqûres; on remarque dans le principe un gros bouton dur, qui présente une auréole œdémateuse, va en augmentant, devient rouge, et constitue en peu de temps une tumeur bleuâtre, rénitente, très-douloureuse, et qui s'étend presque à vue d'œil. L'engorgement ne tarde pas à être énorme; la surface de la tumeur prend une teinte d'un rouge violacé, sans qu'il y ait une grande augmentation de chaleur; et si, à cette époque, l'on ne se hâte de prodiguer les secours nécessaires, la gangrène s'établit et occasionne promptement la mort.

A mesure que le mal fait des progrès, le membre affecté prend de la roideur; il se développe une fièvre qui a beaucoup d'analogie avec celle que l'on observe dans le typhus du gros bétail, et qui, comme cette dernière affection, est souvent accompagnée d'un branlement particulier de la tête, avec redoublement les soirs. Pendant que cette fièvre de réaction fait des progrès, l'œil du malade devient rouge, son flanc agité, sa respiration laborieuse, son pouls fréquent et petit. La foiblesse et le dégoût augmentent de plus en plus, la bête finit par ne pouvoir plus ni prendre de nourriture ni se soutenir; elle reste couchée, répand une odeur infecte, et ne tarde pas à succomber.

Quelques personnes attribuent le développement de ces tumeurs aux piqûres trop profondes que l'on pratique en exécutant l'inoculation. Cette assertion n'est point exacte; nous nous sommes assurés par des expériences, que ces sortes d'accidens se déclarent aussi bien à la suite des excisions légères, que lorsque ces excisions sont profondes et qu'il y a effusion d'un peu de sang. Le tempérament du sujet ne paroît pas plus contribuer à leur développement, puisque ces engorgemens se manifestent indistinctement dans les bêtes vigoureuses ou languissantes, dans celles qui sont jeunes comme dans celles qui sont avancées en âge.

L'observation clinique démontre que ces tumeurs sont généralement plus fréquentes à la suite du claveau inoculé, dans le temps des fortes chaleurs de l'été, lorsque les animaux sont maintenus renfermés dans des bergeries basses, peu aérées et malsaines.

Des expériences nombreuses et variées, faites à cette École, prouvent que l'on peut développer dans le cheval et autres animaux de semblables tumeurs, en inoculant une matière animale qui a subi un certain degré d'altération ; elles prouvent que presque toutes les substances putrides ont un principe de contagion, et peuvent produire de pareils résultats. L'on sait aussi que l'inoculation claveleuse occasionne souvent ces sortes d'accidens sans faire naître la clavelée. N'est-on pas en droit de conclure de ces faits, que la matière animale insérée est le vrai germe de l'infection dont il s'agit, et que le développement des tumeurs est indépendant du virus claveleux?

Le traitement communément usité pour combattre ces sortes de tumeurs, consiste dans l'emploi des scarifications, des embrocations vineuses et aromatiques sur les engorgemens; dans l'administration à l'intérieur de breuvages composés de vin tiède, et aiguisés d'un peu d'eau-de-vie camphrée. Ayant reconnu dans diverses circonstances que les scarifications sont plus souvent nuisibles qu'avantageuses, et que les autres moyens sont généralement trop foibles pour arrêter les progrès du mal, nous nous sommes vus dans la nécessité de changer ce traitement et de le rendre plus actif, plus approprié à la nature de l'affection. Les différens essais que nous avons faits à ce sujet, nous ont appris que les tumeurs dont il est question, cèdent presque toujours à l'usage sagement combiné : 1°. d'un liniment alcalin appliqué en frictionnant la partie malade; 2°. du vin chaud, du quinquina en poudre et de l'esprit de mendérérus (acétate d'ammoniaque), donnés à l'intérieur dans des proportions et combinaisons variables suivant les cas.

Le liniment se compose ordinairement d'une partie d'ammoniaque (alcali volatil fluor) sur huit à dix parties d'huile d'olive ou d'œillette. On met le tout dans une bouteille de verre, et l'on agite pendant quelque temps : il en résulte un liquide savonneux et blanc, que l'on étend sur une étoffe de laine pour en frotter légèrement les parties. Ce genre d'application détermine dans la peau une couleur violacée, qui se dissipe insensiblement, et ne doit pas être regardée comme un signe fâcheux. En augmentant la proportion d'ammoniaque, on rend le liniment plus actif, et on l'affoiblit d'autant plus, qu'on y met une plus grande quantité d'huile.

Le vin chaud se donne toujours par verrées, deux à trois fois par jour, suivant la foiblesse des animaux ; l'on y ajoute la poudre de quinquina à deux onces environ par bouteille de vin.

L'esprit de mendérérus qui, dans certains cas, remplace avec avantage les breuvages précédens, s'administre dans l'eau un peu tiède et dans la proportion de 4 grammes (un gros) par verrée de liquide.

Dès que les tumeurs deviennent rénitentes, douloureuses, et que la peau prend une teinte violacée, signes certains d'une tendance à la gangrène, on doit recourir au traitement précité, et mettre de suite en usage le topique alcalin avec les breuvages de vin et de quinquina; l'on continuera l'emploi du liniment jusqu'à la chute des escares dont il sera parlé, et l'on en renouvellera l'application une ou deux fois par jour, ou plus rarement, suivant que le mal cédera ou résistera. Lorsque le sujet est très-foible, le vin et le quinquina ne peuvent plus lui convenir, il faut y substituer les breuvagesd'acétate d'ammoniaque que l'on donnera par verrées deux ou trois fois par jour, jusqu'à ce que l'animal ait repris un peu de forces. A cet époque, le vin chaud et même le quinquina en poudre sont de nouveau indiqués, et peuvent déterminer une plus prompte guérison. Ce traitement, que l'on varie suivant l'état des bêtes malades, selon l'opiniâtreté de l'affection, doit être modifié et combiné de manière à arrêter les progrès du mal lorsqu'il tend à la destruction; à favoriser la direction de la nature toutes les fois qu'elle est favorable; à réveiller dans la partie les forces qui y sont languissantes, à y exciter et y entretenir une action salutaire.

Lorsque le travail développé dans ces engorgemens a une direction bien assurée vers la guérison, il se forme dans tous les points gangreneux des escares noires, dont la chute laisse à découvert des plaies profondes qui exigent quelques soins particuliers. Il est convenable de remplir ces plaies de poudre de quinquina, dont on continuera l'usage jusqu'à ce que la suppuration, qui est toujours longue et difficile à s'y établir, soit de bonne nature et en pleine activité.

Dans toutes ces circonstances, la résolution s'opère à-peu-près comme il suit : les tumeurs commencent par perdre leur rénitence, elles se ramollissent insensiblement, et prennent un caractère œdémateux qu'elles conservent pendant dix à douze jours. Vers le troisième ou quatrième jour du traitement, la peau prend de la souplesse, les tumeurs se ramollissent ; elles diminuent ensuite d'une manière imperceptible, mais sont toujours long-temps à se dissiper complètement.

A mesure que les engorgemens cèdent, le membre affecté devient moins roide et reprend sa liberté, les plaies résultantes des escares marchent à la cicatrisation ; et la cure finit par se compléter.

La convalescence des bêtes est toujours longue et d'autant plus difficile que les individus ont été plus maltraités, ou que leur constitution est plus débile. On peut la solliciter et l'activer par l'usage des rôties au vin, des soupes, des panades vineuses, des racines cuites, etc......, suivant les circonstances locales et selon la valeur des animaux. A la suite de l'inoculation claveleuse, exécutée dans le troupeau de cette École, en 1813, nous sommes parvenus à conserver des agneaux par quelques rôties et avec les restes de la soupe des élèves.

TABLE DES MATIÈRES.

www.ingramcontent.com/pod-product-compliance
Ingram Content Group UK Ltd.
Pitfield, Milton Keynes, MK11 3LW, UK
UKHW020432180726
13839UKWH00003B/1461

9 782329 477183